科学のアルバム
かがやくいのち

ダイズ

豆(まめ)の成長(せいちょう)

中島 隆

監修／白岩 等

あかね書房

科学のアルバム かがやくいのち

ダイズ 豆の成長 もくじ

中島 隆

1947年東京生まれ。東京写真大学短期大学部卒業、写真応用科終了。コマーシャルフォトをへて小学校理科の教科書、理科実験や植物の生態写真などを撮りつづけている。著書に、ポケットガイド『ハーブ図鑑』『最新観葉植物』(小学館)、フィールドガイド『園芸植物』15巻共著、ハーブブック『ラヴェンダーブック』『ローズマリーブック』『ミントブック』『センティッドゼラニウムブック』『セージブック』撮影(ほるぷ出版)、『理科教科書』3年～6年植物撮影(教育出版刊)などがある。

ダイズは目立たずじみな植物ですが、私たち日本人にはとりわけ身近な食材です。野菜の撮影をきっかけに野菜づくりをはじめましたが、ダイズはビールの友の枝豆が楽しみで、毎年育てています。でも、ダイズづくりには思わぬ難関があります。まずはコガネムシの襲来で、葉はあなだらけ。実がなりはじめると、今度はカメムシの攻撃を受けます。まさに戦争です。にもかかわらず、土を持ちあげ発芽するパワー、可憐な小さな花、さやのはじけるようすなど、その成長は魅力的で感動に満ちています。みなさんも、ダイズを栽培してみて、その感動をぜひ味わってください。

白岩 等

筑波大学附属小学校教諭。1960年生まれ。横浜国立大学教育学部理科教育学科卒業。専門は理科教育学。現在、筑波大学附属小学校での理科教育をおこないながら、小学校理科、生活科の教科書編集委員、NHK 理科教育番組編成協力委員、日本初等理科教育研究会の副理事長、雑誌『初等理科教育』の編集委員などをつとめている。理科教育に関する著書および論文、動物・植物などをあつかった児童向け書籍（監修や執筆指導を担当）が多数ある。

ダイズは、私たちにとってたいへん身近な豆のなかまです。納豆、みそ、豆腐など、いろいろな食品がこのダイズからつくられています。しかし、ダイズがどのように育っていくかについては、意外と知らないのではないでしょうか。ダイズはかわいらしい花を咲かせます。品種によって白、ピンク、赤紫色などいろいろな色がありま す。そして、豆はさやの中にできます。ダイズは畑や花だんがなくても、プランターでも育てることができます。収穫の楽しみもありますが、育つ途中でいろいろな表情をみせてくれます。さあ、みなさんも、ぜひダイズづくりにチャレンジしてみませんか。

第1章 豆から芽が出て花がさく

大きな葉を広げた植物が、畑にたくさん植えられています。これは、ダイズの畑です。豆腐やみそ、しょうゆ、納豆、枝豆などを、たべたことがあるでしょう。これらはみな、下の写真のようなダイズの豆からつくられている食品や調味料です。わたしたちがよくたべる豆・ダイズとは、いったいどんな植物なのでしょう。ダイズがたねから育っていくようすを、みていきましょう。

▲ダイズのたね。わたしたちがたべる豆の部分は、じつはダイズのたねなのです。

■ダイズ畑で育つダイズ。葉がしげり、どんどん育っていく時期です。

■土の中にまかれたばかりのダイズのたね。15～30℃ほどの暖かさがあれば、土のあいだにある水と空気をすって、ふくらんでやわらかくなり、成長をはじめます。

たねの中には、いのちがねむっている

土の中に、ダイズのたねをまきました。まく前のたねは、種皮というかわにつつまれています。外側も内側もかたく、上から指でぎゅっとおしても、まったくつぶれません。はこに入れたり紙でつつんですずしい場所におくと、根も芽も出さず、長いあいだ保存することができます。

かたいたねは、死んでしまっているようにみえますが、その中には、ちゃんといのちがねむっています。そのしょうこに、土にうめると、たねは土のあいだにある水と空気をすいこんでふくらみ、目をさまします。

たねがきちんと目をさますためには、水と空気のほかに、あるていどの暖かさが必要です。

たねに水をすわせると……

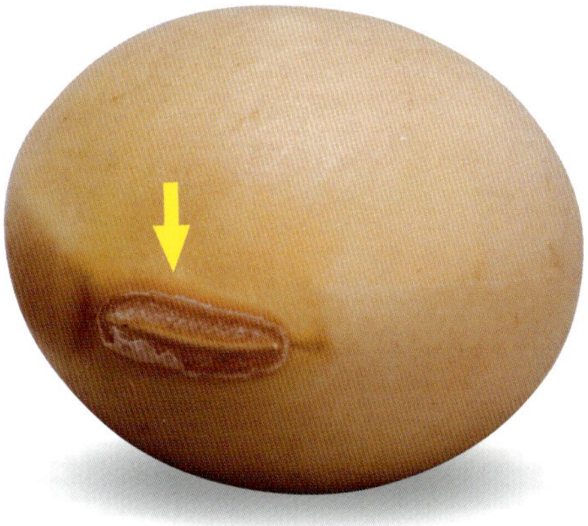

△▷かわいている種（左）と一晩水につけたたね（右）。水をすってふくれ、10時間ほどで、3倍以上の重さになります。矢印の部分がへそです。

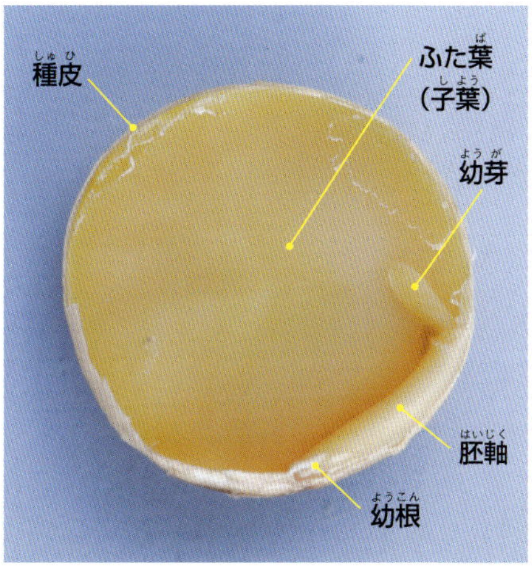

△へそにそって切ったたね。右下に根になる部分（幼根）、なえの茎になる部分（胚軸）、茎や葉になる部分（幼芽）があり、のこりの部分はふた葉（子葉）です。

△切ったたねにヨウ素液をたらしてみると、たねの中のふた葉の部分が紫色になります。紫色の部分に栄養（でんぷん）がたくさんあるということです。

たねの中にある栄養

アサガオとカキのたねの中には、ダイズと同じように、ふた葉（子葉）と幼芽、胚軸、幼根などがあります。アサガオでは、なえが育つための栄養が、大きなふた葉にふくまれています。

これにくらべると、カキのふた葉は小さく、まわりに胚乳という部分があります。カキのふた葉には、なえが育つための栄養がふくまれていません。かわりに、ふた葉のまわりにある胚乳に、なえが育つための栄養がふくまれているのです。

△アサガオのたねを切ったもの。大きなふた葉がおりたたまれて入っています。

△カキのたねを切ったもの。小さなふた葉のまわりを、胚乳がとりかこんでいます。

根がのびてくると……

ダイズのたねをまいてから2日から5日ほどで、たねから下むきに根（幼根）が出てきました。根は下へとどんどんのびていきます。下にのびるにつれ、根の先の方の部分には、細いわた毛のようなもの（毛根）がたくさんのびてきます。とても細い毛根は、土のつぶとつぶのあいだに入りこみ、その先から、成長するのに必要な水や養分を、土の中から体にとりこむのです。

一方、根のつけね（9ページの矢印）より上の部分（胚軸）は、根とは反対に少しずつ上にのびて、茎になっていきます。その結果、ふた葉と幼芽が入っているたねは、茎がのびるにつれて地面へとおし上げられていきます。

△種皮をやぶってのびてきた幼根。土の中が15～30℃ほどの暖かさで、じゅうぶんな空気と水分があれば、2日から5日ほどで、たねから根がのびはじめます。

■ 下にのびていくダイズの根。はじめのうちは、枝分かれせずにのびていき、先の方の部分に毛根（円内）がたくさんのびてきます。

茎が上にのびていく

根は下へ、茎は上へと、どんどんのびていきます。たねまきをしてから1週間から10日ほどで、茎がのびてたねを地面近くまでおし上げ、たねの種皮から、緑色のふた葉がぬけ出てきます。

このころになると、根は地面の下に5センチメートル以上ものび、下むきにのびた根（主根）のとちゅうから、横むきにのびる根（側根）をのばしはじめます。

側根をのばすことで、これから地上にのびていく茎や葉が風などでたおれたりぬけたりしないように、しっかりとささえることができます。また、それと同時に、地下に広く根をはりめぐらすことで、たくさんの水や養分を体にとり入れることができるようになっていくのです。

▶根と茎がのびていくようす。主根には地下の方向にのびていく、茎にはその反対の方向へとのびていく性質（屈地性）があります。この性質は、根や茎の中にふくまれている、植物の体の成長を促進させたりはばんだりする成分（オーキシン）のあつまり方によるものです。ふた葉と茎は、種皮からぬけて地面に出るころには、緑色に色づいてきます。

側根
主根

▲地面から顔をだしたふた葉（円内）。さらに茎がのびると、ふた葉が上むきに立ち上がります。

ダイズの芽が出た

土をおし分けるように、地面からダイズの芽が出てきました。下むきに出てきたふた葉は、茎がのびるにつれて上むきに立ち上がり、だんだん葉を開いていきます。そして、開きかけたふた葉のあいだからは、つぎに開く葉（初生葉）が顔をだしています。

豆のなかまのふた葉はぶあつく、あまり大きくありません。ダイズやインゲンのふた葉は地上に出て開きますが、ソラマメやエンドウなどでは、種皮をかぶったまま地下にのこり、開きません。

豆のなかまのようにふた葉がぶあつい植物では、初生葉が本来のふた葉のやくわり（15ページ）をしています。コナラやクヌギなどのどんぐりも、同じです。

△開きはじめたダイズのふた葉。あいだから、たたまれた初生葉がみえています。

◁ソラマメの芽生え。ソラマメのふた葉（子葉）は、種皮につつまれたまま開かず、土の中にのこります。地上には、ふた葉からのびた初生葉があらわれ、開きます。

ふた葉が開くと……

ダイズは、ふた葉が開くとすぐに、そのあいだから初生葉がのびて開きます。初生葉は、ふた葉にたくわえられていた栄養をつかって大きくなり、葉全体でいっぱいに太陽の光を受け、茎や葉が成長するための栄養をつくるようになります。そして、2まいある初生葉のあいだからは、つぎに出てくる葉（本葉・第１葉）のつぼみがのびてきます。

△茎がのび、開きはじめたダイズのふた葉。種皮からぬけたあと、大きさはほとんどかわりません。ダイズのふた葉のやくわりは、たねがたくわえていた栄養が成長で初生葉を開かせること。初生葉が開くにつれ、しぼんで、小さくなっていきます。

■ふた葉が開くころの根のようす。主根は深くのび、とちゅうからたくさんの側根がのびています。

大きく葉を広げた初生葉。ふた葉にくらべ、うすくて大きな葉です。2まいで対になり、上からみると（円内）、ふた葉から90度回転した位置についています。2まいの初生葉のあいだには、本葉の芽がのびはじめています。

アサガオの葉では？

アサガオをはじめ、多くの植物では、芽生えると、うすくて大きなふた葉（子葉）が開きます。ダイズのふた葉とことなり、アサガオのふた葉は、中にあまり栄養をためていません。大きなふた葉は、太陽の光を受け、茎や葉が成長していくための栄養を葉の中でつくりだしていきます。

アサガオでは、ふた葉のつぎには、初生葉ではなく、ふた葉とは形のちがう本葉が開きます。

アサガオのふた葉。チョウのような形の葉が2まい、対になっています。

アサガオの本葉（矢印）。ふた葉とは形がちがい、茎から1まいずつのびてきます。

最初の本葉が開いたダイズ。1つの節から柄が1本出て、その上の節からはたがいちがいの方向に柄が出ます（互生）。

葉は3まいで一組？

ダイズの初生葉。単葉が2まい対になって、茎の左右についています（対生）。

ダイズの本葉。複葉で、3～5まいの葉（小葉）が一組になって柄の先についています（3～5出複葉）。

初生葉につづいて、本葉がのびてきます。ダイズの本葉は、3～5まいが一組になっています。初生葉からのびた茎から葉の柄が出て、その先に一組の本葉が開きます。そして、さらにのびた茎からべつの方向に柄が出て、その先にまた一組の本葉が開きます。こうして5組めまでは、葉が上へ順番についていきます。

ダイズの本葉は、もともとは1まいだった葉に切れこみが入って分かれたもの（複葉）で、柄の先に3～5まい（ふつうは3まいが多い）の葉がついています。これに対して初生葉は、柄の先に1まいの葉がついています。これを単葉といいます。初生葉は2まいの単葉が対になって、茎の左右についたものです。

しぼんでいくふた葉

多くの植物では、ふた葉の中の栄養は、発芽のときに使われます。これに対してダイズのふた葉は、小さいですが、ぶあつく、中に初生葉や茎が成長するための栄養がふくまれています。そのため、初生葉が開き、最初の本葉が開くころには、栄養がほとんど使われてしまいます。ふた葉は、ダイズの成長にあわせてだんだん小さくなり、最後にはしぼんで、地面に落ちてしまいます。

本葉が開いたころのふた葉。小さくしぼんできています。

芽生えたばかりのふた葉（上）はヨウ素液で紫色にそまりますが、小さくなったふた葉（下）は、栄養（でんぷん）が使われたため、紫色になりません。

本葉の柄のつけねに芽がついたダイズ。分枝して、葉をしげらせていきます。しげった葉で栄養がつくられ、どんどん成長していきます。

葉がしげっていく

葉にいっぱい太陽の光をあびて、ダイズはどんどん成長していきます。本葉が５節めまでふえると、葉のつき方がそれまでとかわってきます。５節めから本葉が出るときに、１節めの本葉の柄のつけねから芽が出て柄がのび、本葉が開いていくのです。これを分枝といいます。

分枝は、新しい節から本葉が出ると、その４つ下の節で起こります。つまり、５節めが出るときには、１（５－４）節めで、６節めが出るときには、２（６－４）節めで起こるのです。

△１節めの分枝。本葉の柄のつけねの上に芽が出て、柄がのびていきます。

△分枝した柄は、どんどん先へのび、つぎつぎと葉の芽ができて、何組もの葉（複葉）が開いていきます。

葉が出て分枝していく順番

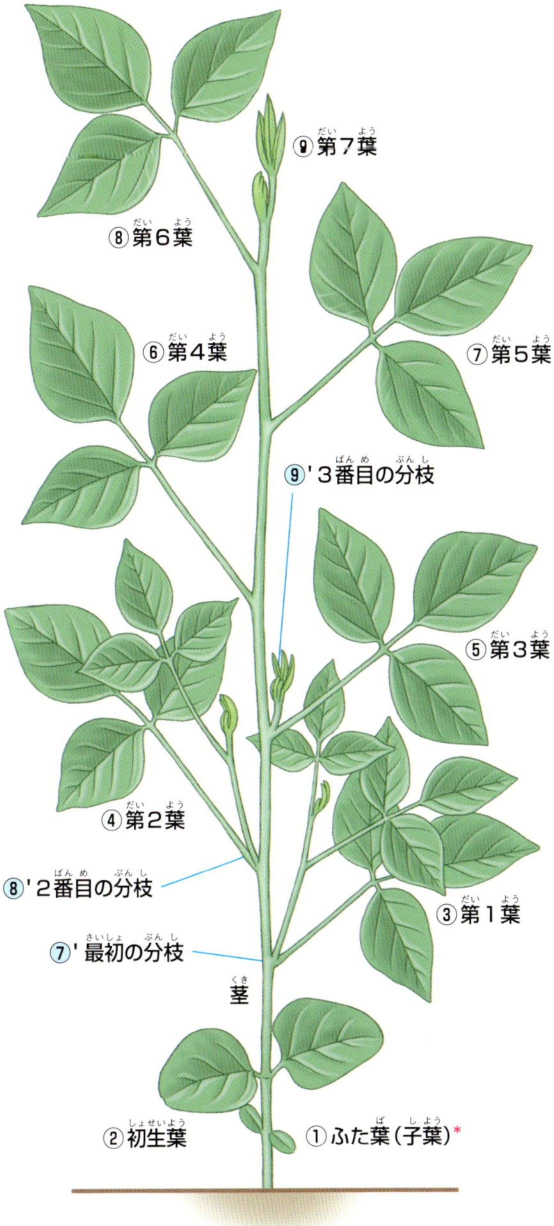

＊葉のつく順番をしめすためにふた葉をえがいてありますが、この時期にはふた葉はしぼんで落ちているので、実際には茎についていません。

第2章 根と茎と葉のはたらき

すくすく成長し、さやが大きくなり、中に豆ができてきたダイズです。小さな豆から芽を出したダイズが育ってたくさんの豆を実らすことができるのは、土と空気と水をじょうずに使って成長できたからです。その成長をささえる、根と茎と葉のはたらきをみていきましょう。

■さやが大きくなったダイズ。1つぶの豆から育ったダイズから、50～100つぶもの豆を収穫できます。

根についているつぶは何？

成長したダイズは、太い主根から枝分かれした側根を長くのばし、たくさんの毛根をはりめぐらしています。この毛根から、土の中の養分や水を体にとり入れているのです。

側根のあちこちには、小さなかたまりがついています。これは根粒といい、ダイズの毛根に根粒菌という細菌がすみつき、ふえてかたまりになったものです。細菌といってもダイズを病気にするものではなく、ダイズなど豆のなかまの根にすみつき、その植物が成長するとき、とてもたいせつなやくわりをします。

植物の成長に必要な三大養分は、チッ素とリン酸とカリです。このうちチッ素は空気の中にたくさんふくまれていますが、ふつうの植物は、空気中のチッ素を直接体にとり入れられません。

そこで、根粒菌は、根にすまわせてもらうかわりに、ダイズに必要な養分をつくりだしてくれるのです。ダイズの根から分けてもらった栄養を使い、土の中の空気にふくまれているチッ素をアンモニアにかえ、根からとり入れられるようにする力が、根粒菌にはあるのです。ダイズは、根に根粒があるため、肥料としてチッ素をあまりあたえなくても、ちゃんと育つことができます。

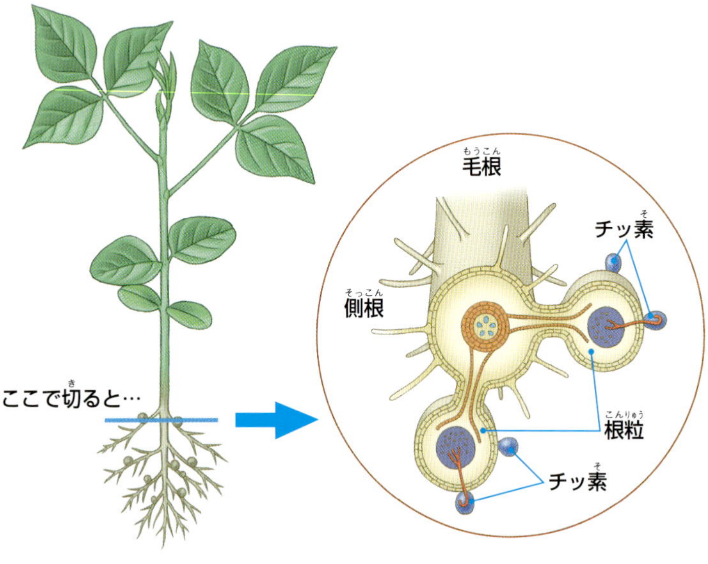

△根粒菌は、ダイズの体の中でつくられた炭水化物（ブドウ糖）をダイズの根からもらいます。そして、その炭水化物と空気中のチッ素を使ってふえ、アンモニアをつくりだします。このアンモニアがダイズの根からとり入れられ、養分として使われます。

▽根粒を10倍ほど拡大したもの。土の中に根粒菌がすんでいない場所では、ダイズを植えても根粒はできません。

■根粒はあまりかたくなく、指でつぶすとぽろぽろとくずれて落ちてしまいます。ダイズをはじめ、レンゲソウ、シロツメクサなど豆のなかまの植物の根にできます。このかたまりは、肉眼ではみえない根粒菌という細菌（円内）が、たくさんあつまってできています。

ダイズの葉のうらについた水のつぶ。ダイズをはじめ多くの植物では、気孔は葉のうら側にたくさんあります。気温が低い早朝には、気孔から出された水蒸気がひやされ、水のつぶになって葉についていることがあります。

ダイズも呼吸をしている

動物や植物は、呼吸をして体に酸素をとりこみ、二酸化炭素をはきだします。ダイズも呼吸をしています。

酸素と二酸化炭素の出し入れは、葉の気孔という部分でおこなわれます。気孔は、くちびるのような形をした器官（孔辺細胞）でできています。光の強さや湿度などに合わせて、この部分がふくらんだりしぼんだりして、気孔が開閉します。

気孔は、酸素と二酸化炭素の出し入れだけでなく、水の出口としても使われます。根からとりこんだ水を利用したあと、水蒸気にして体の外にすてるのです。これを蒸散といいます。蒸散をすることで、体をひやしたり、根からの水や養分をさかんにすい上げたりできます。

天気のよい昼間、ダイズの葉にビニールぶくろをかぶせ、しばらくすると、蒸散した水蒸気で内側がくもります。同じ状態で、葉をとりさった柄にビニールぶくろをかぶせると、蒸散がおこらず、時間がたっても変化がありません。

ダイズの葉の表側。表側は緑色がこくみえます。ダイズでは、葉の表側には気孔の数は少なく、孔辺細胞も小さいです。

ダイズの葉のうら側。うら側は緑色がうすくみえます。葉のうら側には気孔の数が多く、孔辺細胞も大きいです。

葉のつくり

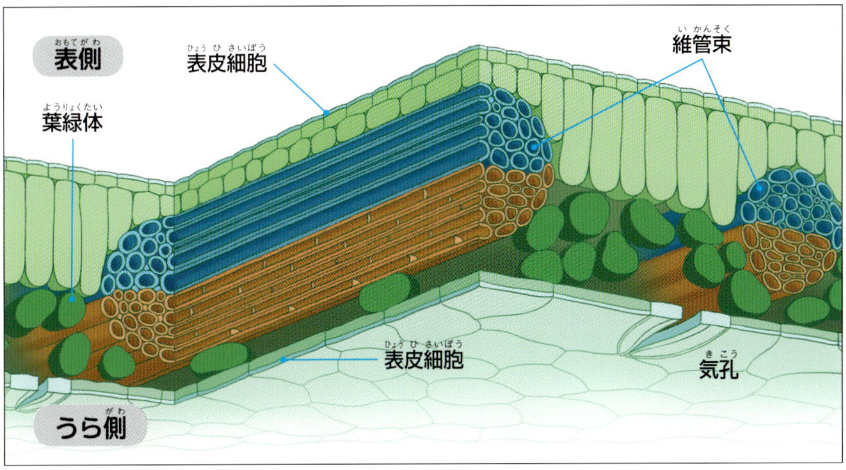

気孔の開閉

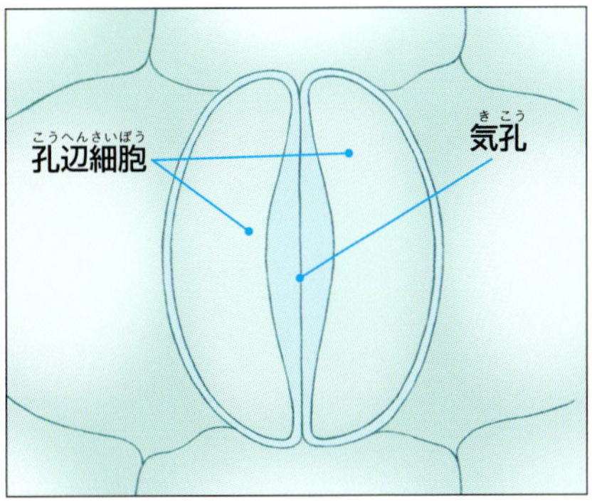

閉じた。葉の中に水分が少ないと、孔辺細胞全体がしぼんで、気孔が閉じた状態になっています。

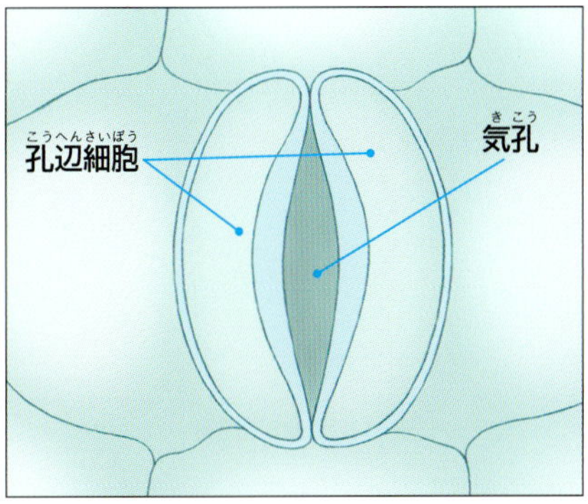

開いた。葉の中に水分が多くなると、孔辺細胞全体が外側にふくらみ、気孔が開いた状態になります。

葉で栄養をつくりだす

　葉は、呼吸とは反対に、二酸化炭素をとり入れ、酸素をはき出すこともあります。葉からとり入れた二酸化炭素と根からとり入れた水を使い、太陽の光のエネルギーを利用して、葉緑体という部分で、栄養（でんぷん）をつくりだしているのです。この作業を光合成といいます。光合成でつくられた栄養を使い、ダイズは成長したり、栄養を豆の中にたくわえたりします。

　光合成は、葉が太陽の光をあびる昼間におこなわれます。その結果、昼間は、呼吸に使う酸素の量よりも生じる酸素の量が多くなります。吸収される二酸化炭素の量も呼吸で生じる量よりずっと多く、１日の合計をみると、二酸化炭素を体にとり入れ、酸素をはきだしていることになります。

△太陽の光をいっぱいにあびるダイズ。葉の中では、さかんに光合成がおこなわれています。

△上からみると、それぞれのダイズの葉は重なりあわないようにつき、日の光がたくさんあたるようになっています。

△光合成がおこなわれない夜間は、ダイズでは小葉がたれ下がり、眠ったようになります。

光合成のしくみ

葉緑体では、体の中の水と葉からとり入れた二酸化炭素を、太陽の光のエネルギーを使って、でんぷんと酸素にかえます。さらに、でんぷんは形がかわって水にとけ、栄養として体中にはこばれていきます。

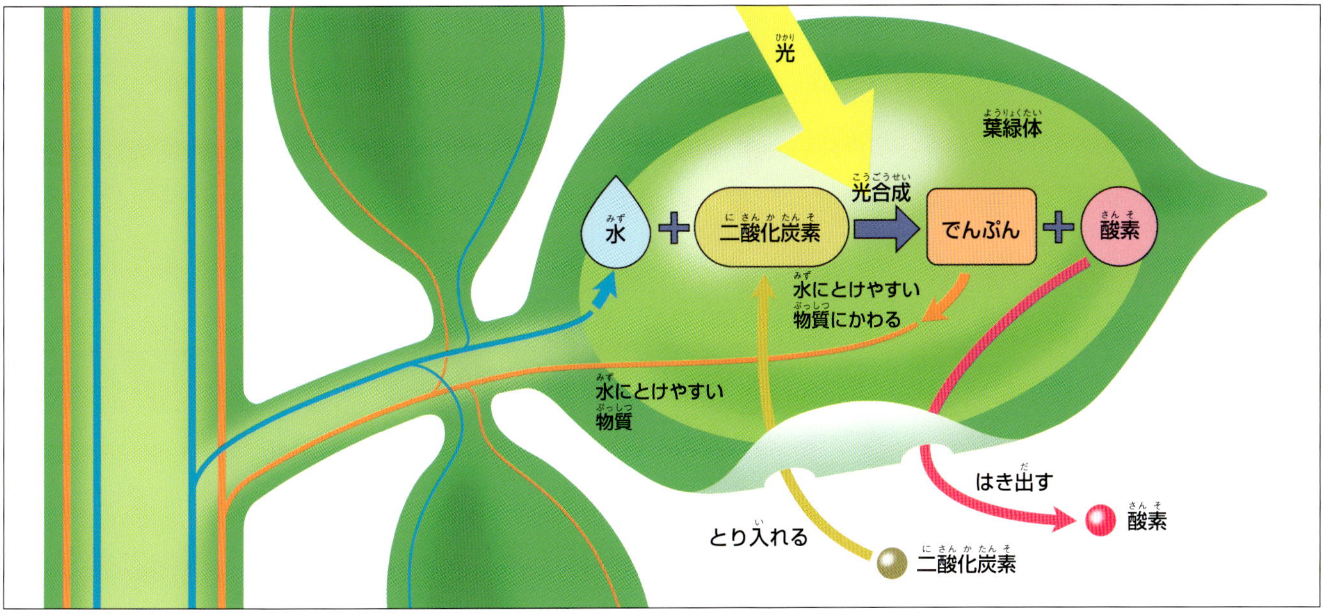

光合成をたしかめよう

光合成がおこなわれるために、太陽の光が必要なことは、かんたんな実験でたしかめられます。天気がよさそうな日の前の夜、ダイズの葉の一部をアルミホイルでおおいましょう。午後までそのままにし、下の図のように、実験してみましょう。

① 葉を熱湯につけて、やわらかくする。

② あたためたエタノールにつけて、色をぬく。

③ 水であらう。

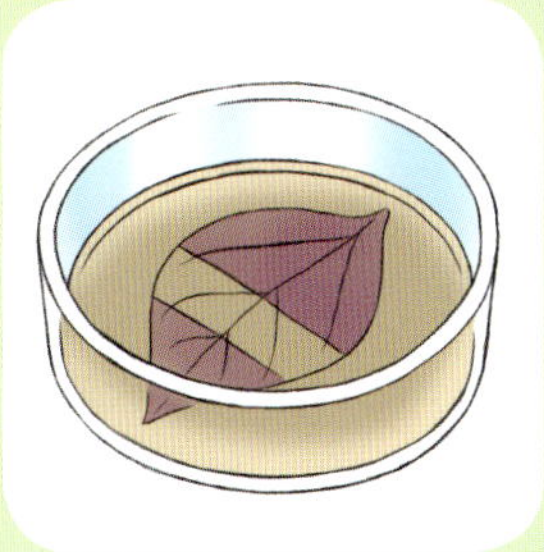

④ ヨウ素液につける。

△ 一部をアルミホイルでおおったダイズの葉。

△ アルミホイルでおおった部分では、光合成がおこなわれず、でんぷんがつくられなかったことがわかります。

ダイズの茎をたてに切った断面。矢印でしめした黄色い線の部分に維管束があります。

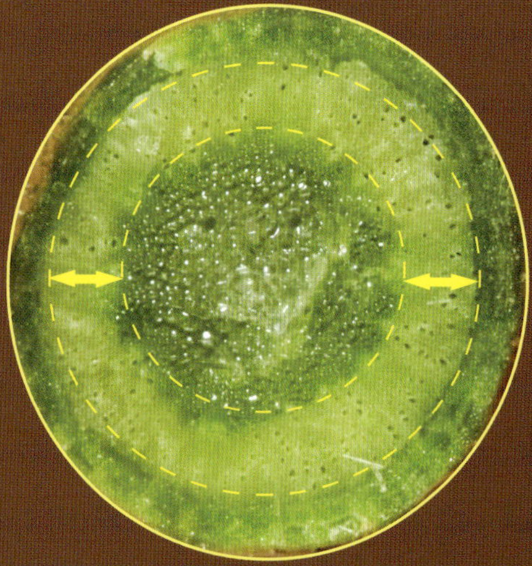

ダイズの茎を横に切った断面。維管束（矢印でしめした黄色い破線のあいだ）が茎の外側近くに輪になってならんでます。

茎は水や栄養の通り道

ダイズをはじめとする種子植物（花がさいてたねができる植物）の体は、根と茎、葉などからできています。茎のはたらきは、大きく分けると2つあり、1つは、植物の体をささえることです。そして、もう1つのはたらきは、根からとり入れる水や養分、葉でつくられた栄養を、体全体にはこぶことです。

水や養分は道管、栄養は師管という、茎の中にある細い管を通って、体全体にはこばれます。茎の中では、道管と師管が何本もあつまって、たばになっています。このたばになった部分を、維管束といいます。

ダイズの維管束は、茎の外側近くに、輪をつくるようにならんでいます。

◀▲根から食紅をまぜた水をすわせると、水と養分の通り道である道管は、赤くなります。師管は、道管よりもずっと細く、道管をとりまくように通っています。

維管束のはたらき

根からとり入れた水と養分は、道管（水色）で体中にはこばれます。よぶんな水は、葉の気孔からすてられます。葉緑体でつくられた栄養は、水にとけ、師管（オレンジ色）で体中にはこばれます。

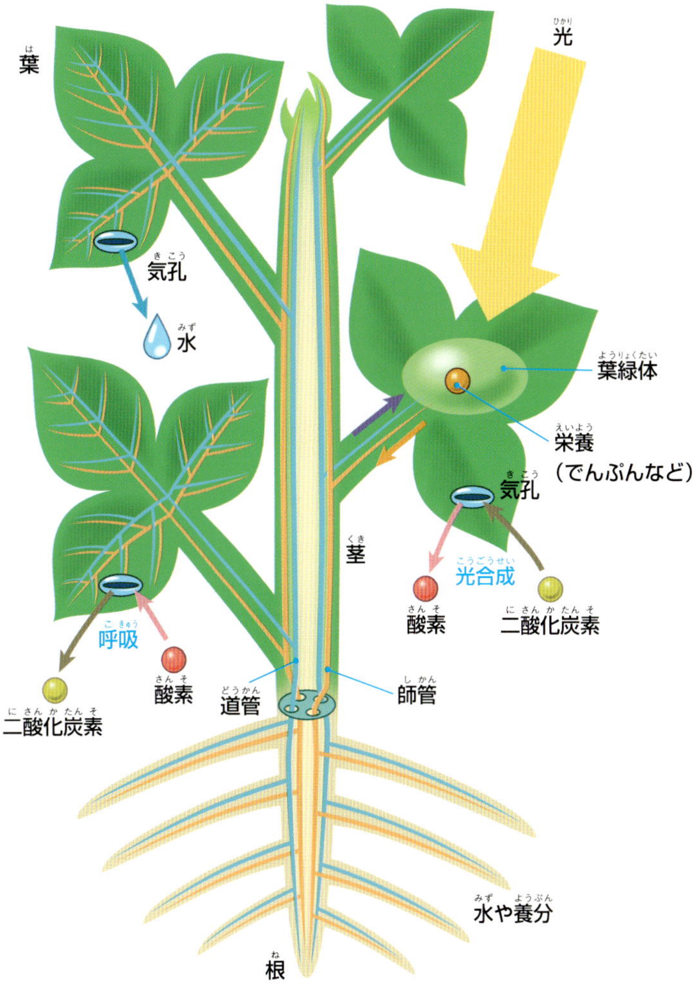

花がさきはじめたダイズ。ダイズの花の色は、白やうすいピンク色、赤紫色など、品種によって色がちがっています。

第3章 花がさいて豆ができる

分枝がさかんになり、葉がしげると、本葉や分枝した葉の柄のつけねに、花の芽ができてきます。その芽がのびると、かわいらしいダイズの花がたくさんさきます。そのまましおれてしまう花も多いですが、花がかれたあとにさやができ、大きくなっていくものもあります。大きくなったさやの中では、ダイズのたね（豆）が育ち、じゅくしていくのです。

▲ほんとうの大きさ。

■ダイズの花。1つの花のふさに3～4個の花がたばになってさきます。はねを広げたチョウのような形の花です。

どんな花がさくのかな？

葉のつけねにできた花の芽が育つと、そこに2～3個の花のふさがつき、3～4個ずつ花がさきます。花の形はスイートピーの花によくにていますが、直径が3～4ミリメートルくらいしかありません。虫めがねでよくみないと、花のおくにあるめしべとおしべは観察しにくいほどです。

ダイズの花には、5まいの花びらがあり、そのつけねには1本のめしべをとりかこむように10本のおしべがあります。そして、5まいのがく片がくっついたがくによって、それらのねもとがつつまれています。

ダイズは、夏至（6月20日、21日ごろ）がすぎて昼の長さがだんだん短くなりはじめると、花の芽ができるという性質＊をもっています。

＊この性質は、現在栽培されている品種のうち、秋に豆を収穫する秋ダイズというグループに強くのこされています。しかし、枝豆用の夏（早生）ダイズや夏に豆を収穫する中間ダイズなどのグループでは、この性質が弱まっています。

■ダイズの花のつくり。1つの大きな花びら（旗弁）と、2まいの中くらいの花びら、（翼弁）、2まいの小さい花びら（竜骨弁）、5まいのがく片がくっついたがく、1本のめしべ、10本のおしべからできています。

▲めしべ（上）と、それをかこむようにある10本のおしべ（下）。花が開く前に、つぼみの中でおしべの花粉がめしべにつきます。

▼ダイズの花。品種によって花の色がちがいます。花の色は、白から、うすいピンク色、赤紫色まであります。

花がしおれてくると……

ダイズの花は、さいたと思ったら、あっという間にしおれてしまいます。1つの花がさいているのは、わずか2時間ほどです。こんな短い時間では、めしべにおしべの花粉がつく（受粉する）ことができそうにありません。じつは、ダイズの花は、さく前につぼみの中でおしべの花粉がめしべにつき、さいたときは受粉がすんでいるのです。

ダイズの花は、1か月ほどのあいだ、つぎつぎとさいていきますが、さきはじめのころの花よりも、さきはじめてから10日くらいたってからさく花のほうが、落ちる割合が少ないようです。また、さきはじめから2週間をすぎると、ほとんどの花がとちゅうで落ちてしまいます。

全体的にみると、ついた花のつぼみのうち70～80パーセントくらいが、さいたまま落ちたり、さかずに落ちたりしてしまいます。

■1本のダイズの株には、とてもたくさんの花のつぼみがつきます。花どうしが栄養をとり合うため、多くは、つぼみのままで落ちたり、さいているとちゅうで落ちてしまいます。

▶さいて2時間ほどでしぼんだダイズの花。風や虫に花粉をはこんでもらわないので、長い時間花をさかせつづけている必要がありません。

自家受粉と他家受粉

ダイズやアサガオは、1個の花の中にあるおしべの花粉がめしべについて受粉します。このような受粉のしかたを、自家受粉といいます。

これにくらべて、キキョウでは1個の花の中ではおしべよりめしべがおそく育ち、あとからさいた花の花粉がつくようになっています。また、ヘチマでは雄花と雌花がべつにさき、1個の花の中では受粉しないようになっています。このような受粉のしかたを、他家受粉といいます。

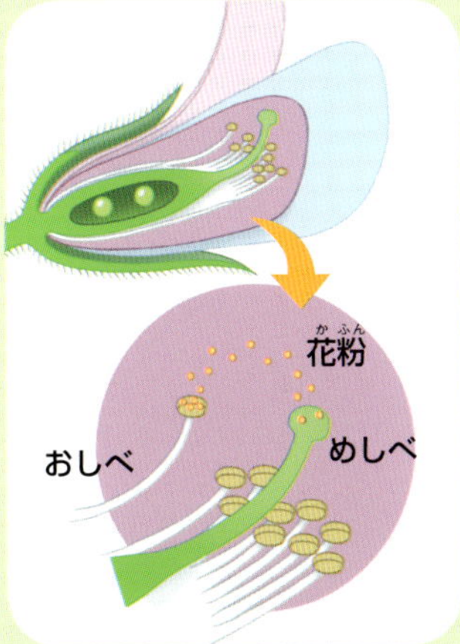

△ダイズは、つぼみの中でおしべの花粉がめしべについて受粉します。

△キキョウの花。昆虫がはこんでくる、あとからさいた花の花粉で受粉します。

豆をつつんでいるのは？

めしべについた花粉は、花粉管という細い管をだし、その先をめしべの中にのばしていきます。そして、花粉管の先がめしべのつけねの部分（子房）の中にあるたねのもと（胚珠）にとどくと、花粉管をつうじて花粉のなかみが胚珠までおくられます。こうして花粉のなかみと胚珠がむすびつくと、たねが育ちはじめます。

とちゅうで落ちずにしおれた花の中では、肉眼ではみえませんが、このような出来事がおこっていたのです。たねが育ちはじめると、子房の部分がふくらんでいきます。何日かすると、子房の部分はふくろのようになり、中に小さな豆をつつみこむようになります。これを「さや」といいます。花がしぼんで１週間もたつころには、小さいながらも豆の形のふくらみが、外側からみえるようになってきます。

△花がしぼんだあと、花びらと、がくの手前の部分をとりのぞいた写真。めしべのつけねにある子房の部分（矢印）がふくらんできています。

■しぼんだダイズの花。花びらは、しぼんだあとも何日かそのままついていますが、からからにかわいていき、だんだん目立たなくなります。

さやに豆ができるまで

△花がしぼんだつぎの日（2日め）。子房が少しだけふくらんできています。

△花がしぼんでから3日め。子房が大きくなって、がくの外にすがたをみせてきました。

△花がしぼんでから6日め。完全に、豆のさやの形になってきました。

△花がしぼんでから7日め。さやの中に、豆の形のふくらみが少しみえてきました。

△花がしぼんでから4日め。花が完全にしおれて、子房が大きくなった重みで、たれ下がってきました。

△花がしぼんでから5日め。子房がさらに大きくなり、小さなさやの形になってきました。

◁花がしぼんでから8日め。まだ小さいですが、さやの中に、豆の形のふくらみが目立ってきました。

◁花がしぼんでから8日めのさやを切ると、つぶしたような形の小さな豆が2つ入ってました。

花がしぼんで1か月ほどのダイズ。枝豆としてたべるのは、これくらいの時期のもの。この時期をすぎると、種皮がかたくなりはじめ、おいしくありません。

育っていく豆

花がしぼんで10日めくらいまでは、さやはどんどん大きくなっていきます。しかし、それからあとは、さやの大きさ自体はあまり変化しなくなってきます。

そのかわりに、さやの中にある豆が大きくなっていきます。花がしぼんでから2か月くらいまで、豆は葉やさやでつくられた栄養をたくわえて、育っていきます。さやの中の豆は、「へその緒」のような管で、さやのふちにある管（かたいすじの部分）とつながっています。葉でつくられた栄養は、茎からさやのすじを通り、豆にはこばれるのです。

豆は1か月ほどは緑色で、そのあとはだんだん色がかわり、かたくなってきます。枝豆としてたべているのは、このころの豆で、まだじゅくしていません。2か月をすぎたころから、水分がへり、ちぢんでかたくなっていき、70日ほどたつと完全にじゅくした豆になるのです。

▼さやの中で成長していく豆のようす。本物の2倍の大きさです。

▲ダイズの豆のへそ。品種によって、へその色はちがっています。

◀さやのかたいすじの部分からのびた「へその緒」と豆。収穫したとき、この「へその緒」がついていた部分がへそとしてのこります。

豆がじゅくした

花がしぼんでから40日ほどたつと、豆（たね）が育って大きくふくらんだダイズのさやは、緑色からだんだん黄色っぽくなっていきます。そして、2か月ほどたつころには、葉や茎がかれたようになり、さやもかわいて茶色くなります。

さやの中の豆は、すっかりじゅくして、種皮だけでなく、内側までかたくなり、ぎゅっとしまっています。「へその緒」の部分も、からからにひからび、さやを少しゆらしただけで、かんたんに豆からはずれます。

畑では、このような状態になると、ダイズの収穫がはじまります。手で根ごと引きぬくか、コンバインなどの機械を使い、かりとります。

▲収穫間近のダイズ畑。葉がかれ落ち、茶色くなったさやが、茎にたくさんついています。

◀ダイズの収穫のようす。機械を使ってかりとると、さやから豆がはずれ、豆がふくろにつめられていきます。

からからにかわいたダイズのさや。じゅうぶんに乾燥すると、風で少しゆれただけでも、さやがはじけます。

さやがさけ、豆がちらばる

収穫したダイズは、ふつう数日から1週間ほどかわかしてから、さやを割って、中の豆（たね）をとりだします。かわかしているあいだに、自然にさやがパチンと割れて、中から豆がはじけ出ることもあります。

また、収穫をせずに、そのまま植えっぱなしにしておいた場合にも、さやが自然に割れてめくれかえり、中の豆が地面にちらばり落ちます。

■さやがさけて、地面にちらばり落ちたダイズの豆（たね）。

たくさんの豆がとれた

かわかして、割ったダイズのさやから、たくさんの豆（たね）がとれました。種類や育ちぐあいによっても数がちがってきますが、１本のダイズの株からは、70つぶから100つぶほどの豆がとれます。たった１つぶの豆から、これほどたくさんの豆ができたのです。ダイズの豆は、いろいろな食品の原料や食べ物として用いられたり、たねとしてふたたび土にまかれたりもするのです。

■地面から引きぬいたダイズの株。さやの中には、病気にかかったり、昆虫などにたべられたりして、うまく育たなかった豆も入っています。

▲1株のダイズからとれた豆。80つぶほどの豆がとれました。

プランターにまいたダイズのたね。1か所に3つぶずつ、3㎝くらいの深さにまきます。

ダイズを育てよう 1

　ダイズは、日本をはじめアジアの国ぐにで、古くから利用されてきました。中国では4000年も前、日本でも2000年前から栽培されています。肥料をあまり必要とせず、畑や花だんだけでなく、プランターでも育てることができます。とちゅうで収穫して枝豆としてたべる場合は枝豆用の夏ダイズを、完全にじゅくした豆を収穫したい場合は使い道にあった品種をえらびましょう。

*市販されている野菜用培養土は、消毒されていて根粒菌がいないと考えた方がよいので、花だんや畑の土を少しまぜるか、たねまきをする前に、

たねまき

プランターに野菜用培養土*を入れ、化成肥料をくわえてよくまぜます。１日ほどおいてから、たねをまきます。枝豆用の夏ダイズならば、関東地方から南では、４月中旬から５月はじめにたねをまきます。

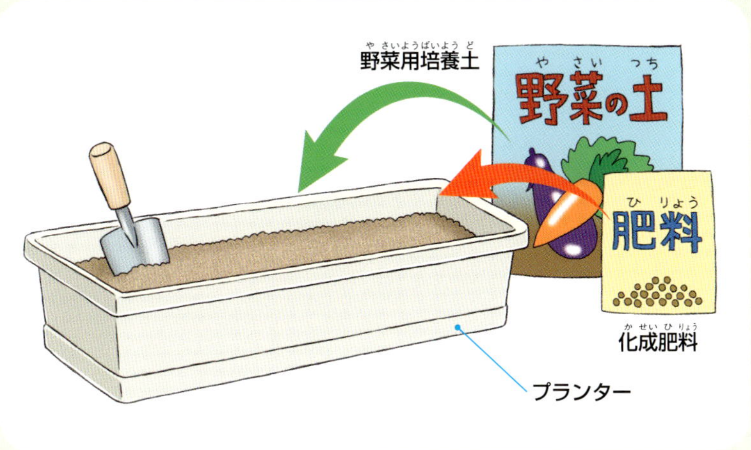

△ プランター（長さ65㎝ほど）に野菜用培養土を13リットルほど入れ、化成肥料をよくまぜ、表面をならしたら１日ほどおきます。

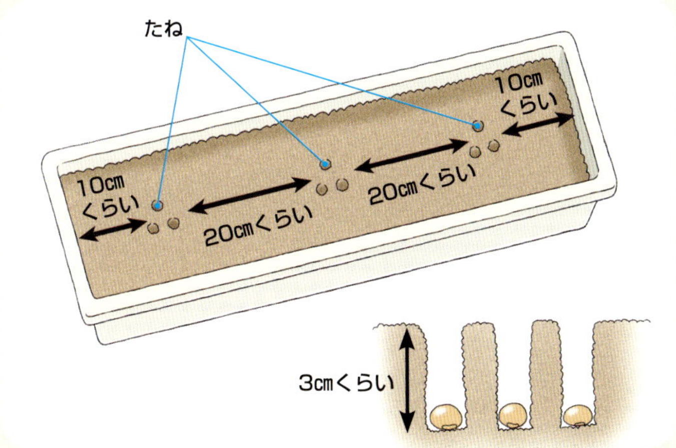

△ 20㎝ほどあいだをあけて、深さ３㎝ほどのあなをほり、たね（豆）のへその部分が下をむくように、１か所に３つぶずつまき、土をかぶせます。

△ はじめは、プランターの下から水が出るまで、水をたっぷりやります。そのあとは、土の表面がかわいて白っぽくなる前に、午前中に水をやります。

小さな芽を守ろう

△ プラスチックのコップの底にあなをあけたものをかぶせ、本葉が出るまで、芽が鳥にたべらないように、守りましょう。

△ ペットボトルの上の部分を切って、ふたをはずしたものも、プラスチックのコップのかわりに使えます。

根粒菌がふくまれた種子粉衣剤をたねにまぶすとよいでしょう。

ダイズを育てよう❷

たねをまいてから1週間から10日くらいで、土の中からダイズの芽がすがたをあらわします。芽が育って初生葉が開き、本葉が１まいか２まいになったところで、なえを間引いて１か所に１株にしましょう。

大きく育っていくのにあわせて、肥料をたしたり、土よせをして株がたおれにくくなるようにしましょう。

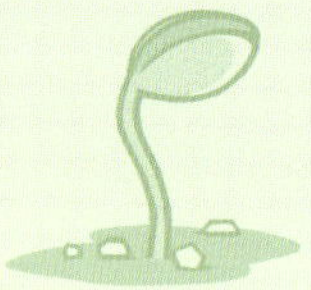

ダイズの芽生え。土をおし上げて、ふた葉がすがたをあらわしました。

なえを間引く

本葉が１～２まい開いたところで、いちばんよく育っているなえを１本のこし、ほかのなえを間引きます。このとき、のこしたいなえも引きぬいてしまわないように注意しましょう。根元をはさみで切ってしまうか、のこしたいなえの根元をかるくおさえて作業するといいでしょう。

プランターをべつに用意して、引きぬいたなえを移植することもできます。

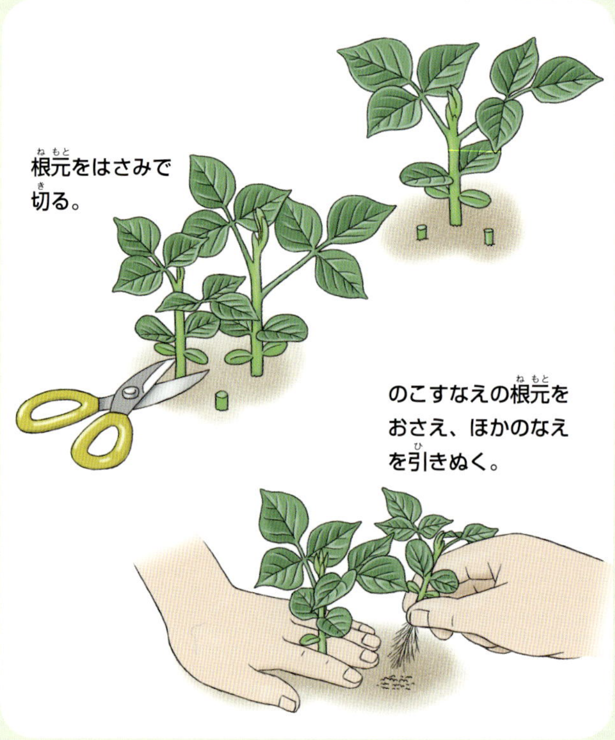

根元をはさみで切る。
のこすなえの根元をおさえ、ほかのなえを引きぬく。

土よせ

ダイズが育ってきたら、株をたおれにくくするために、根元に培養土をたしてやります。これを「土よせ」といいます。本葉が3まいくらいのときに1回、分枝が出るころに1回、土よせをしましょう。

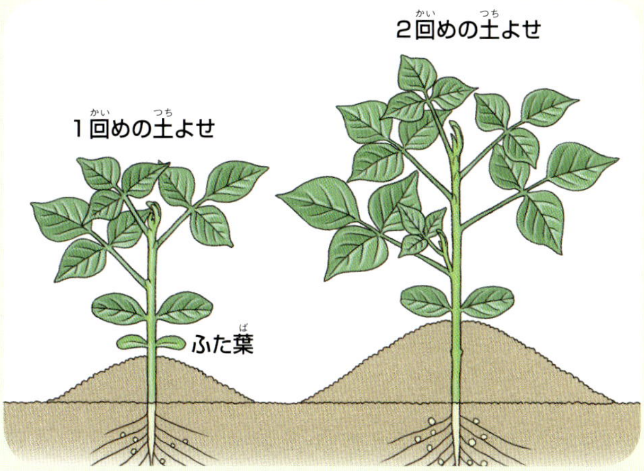

△最初の土よせは、ふた葉のすぐ下まで、2回めはふた葉がかくれるように、土をもります。

肥料をたす

△間引いたなえのあいだに、化成肥料を小さじに1ぱいくらいずつ、まきます。

草とりをする

△ダイズのまわりにほかの草が出てきたら、こまめに草とりをして、とりのぞいてやりましょう。

ダイズを育てよう③

ダイズが葉をしげらせ、5まいめの本葉が出ると、分枝がはじまります。このまま本葉をふやしても、分枝して葉がしげっていきますが、本葉が5まいか6まいになったところで、茎の先を切って、芽をつみましょう。こうすると、株が上にのびすぎず、分枝する数もふえるからです。

芽をつんだ株はじょうぶでしっかりした株になり、花の芽がたくさんつき、たくさんのさやがつきます。

▶芽をつんだあと、花がさきはじめたダイズ。芽をつまずに成長させると、上にのびすぎて、ヒョロヒョロになってしまいます。

芽をつむ

△本葉が5～6まいになったところで、茎の先をはさみで切りとって、芽をつみます。

花がさく

△花の芽はたくさんつきますが、ちゃんと花がさいて、さやができるのは、全体の20～30%くらいしかありません。

害虫や病気をふせぐ

ダイズを育てて、枝豆や豆を収穫するには、成長をじゃまする害虫や病気からダイズをまもることも、必要です。

おもな害虫としては、葉をたべるハスモンヨトウなどのガの幼虫やマメコガネなどのコガネムシ類、葉や豆のしるをすうカメムシ類、さやの中の豆をくいあらすマメシンクイガなどのガの幼虫、モザイク病などのウィルスをはこぶアブラムシ類などがいます。

ダイズはわりあい強い植物なので、農薬を使うより、みつけたらすぐにとりのぞくようにし、被害を少なくしましょう。

△ハスモンヨトウの幼虫。ガのなかまの幼虫には、葉をたべるものや、さやの中の若い豆をたべてしまうものがいます。

△マメコガネ。コガネムシやハムシのなかまの成虫は、ダイズの葉や茎をくいあらします。

△ホソヘリカメムシ。カメムシのなかまには、さやの中の若い豆からしるをすい、豆の成長をさまたげたりするものがいます。

△ダイズアブラムシ。アブラムシのなかまは、葉や茎からしるをすい、モザイク病などの原因になるウィルスをはこぶこともあります。

△害虫や被害を受けた部分をみつけたときは、はしなどでとりのぞいたり、はさみで葉やさやごととりのぞきましょう。

△モザイク病にかかった株は、葉がちぢれて形がかわり、葉にモザイクもようが出ます。みつけたら、ほかの株に病気がうつらないように、根からぬいて、処分しましょう。

みてみよう　やってみよう

ダイズを育てよう４

完全にじゅくした豆（たね）としてダイズを収穫したい場合は、花がしぼんでから３か月以上たち、葉がかれ、さやが茶色にかわくまで、収穫をまちます。さやをかるくふって、中の豆がカラカラと動くようになったら、根ごと引きぬいて、収穫しましょう。収穫したら、雨の当たらない日かげに、１週間くらいほして、じゅうぶん乾燥させましょう。

▲乾燥させたあと、さやからとりだしたダイズ。

乾燥と保存のしかた

①引きぬいた株を、新聞紙などの上に広げておきます。

②風とおしがよく、雨が当たらない日かげで、１週間ほど乾燥させます。

③ふきんの上から、すりこぎなどでかるくたたき、中の豆をとりだします。

④茎や根、さやのからをとりさり、細かいごみ、じゅうぶんに育っていない豆などもとりのぞきます。

⑤食用の豆として保存する場合は、乾燥剤といっしょに密封容器に入れ、冷蔵庫で保管します。

⑥たねとして使う豆は、ふうとうなどに入れて乾燥剤といっしょに密封容器に入れ、冷蔵庫で保管します。

ダイズからできる食品

ダイズは、豆やもやしとして料理したり、油をしぼったりするほか、さまざまな食品の原料になっています。

みそやしょうゆ、豆腐や油あげ、豆乳、納豆、湯葉、きな粉など、多くの食品がダイズからつくられます。また、春雨、人造肉、マーガリン、健康食品や飲料などにも、ダイズからつくられるものがあります。

また、アジアにあるいろいろな国には、日本の納豆と同じようなダイズを使った発酵食品をつくってたべる文化が、古くから受けつがれてきています。

△ダイズを使ってつくられているいろいろな食品。ダイズは、食品だけでなく、薬やインクの原料、燃料など、さまざまな分野で利用されています。

ダイズと米をいっしょにたべる文化

わたしたちが食べ物からとる栄養のうち、かかすことができない3つの成分（たんぱく質と脂肪と炭水化物）を、三大栄養素といいます。ダイズにはほかの植物性の食品とくらべ、この三大栄養素のうち、たんぱく質と脂肪が、肉と同じようにとても多くふくまれています。いっぽう、米はその成分のほとんどが、炭水化物です。そのため、米とダイズをいっしょにたべると、必要な三大栄養素を、まんべんなく体にとり入れることができるのです。

また、体にかかすことができず、食べ物からしかとり入れられない物質（必須アミノ酸）のなかに、リジンとメチオニンがあります。このうち、ダイズにはリジンがたくさんふくまれていますが、メチオニンはほとんどふくまれません。ぎゃくに米にはメチオニンが豊富にふくまれ、リジンはふくまれていません。ダイズと米をいっしょにたべることで、体に必要なこの2つの物質も、きちんととり入れることができます。

このように、日本をはじめ、米を主食にするアジアの国ぐにでは、米とダイズをいっしょにたべる文化が生まれ、今日までつづいているのです。

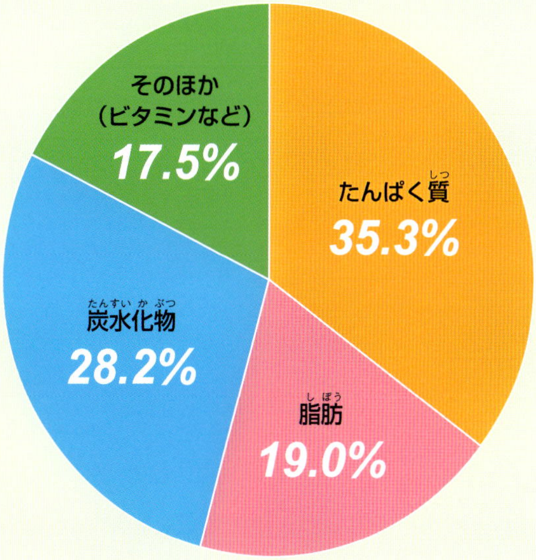

△ダイズの食べる部分にふくまれる成分。
（日本食品標準成分表2010より）

△ダイズには、たんぱく質と脂肪、リジンが豊富にふくまれています。

△米には、炭水化物とメチオニンが豊富にふくまれています。

花がしおれてから1か月ほどのダイズの株。たくさんのさやがつき、枝豆としてたべるのに適した状態です。

ダイズをたべてみよう

枝豆としてたべる場合には、花がしぼんでから1か月くらいがたべごろです。時期をのがさず、収穫しましょう。指で、さやの上から豆をおして、豆がさやからはじけ出れば、じゅうぶんに育っています。この時期をすぎると、さやが黄色っぽくなり、豆もかたく、すじっぽくなっておいしくありません。

収穫した枝豆は、できるだけその日のうちにゆでておきましょう。そのままたべたり、ゆでた枝豆を使っていろいろな料理もつくってみましょう。

収穫のしかた

△たべる分だけ、さやのつけねの部分をはさみで切って、収穫しましょう。

△全体のさやの成長がだいたいそろっているようならば、根ごと株を引きぬいて収穫することもできます。

ゆでてたべよう

収穫した枝豆は、土やよごれをあらい落としたら、新鮮なうちにゆでておきましょう。ゆであがったら、そのままたべるか、冷蔵庫でひやしてからたべましょう。

さやからとりだした豆を使って、枝豆ごはんやサラダなど、いろいろな料理をつくることもできます。

△ゆであげて、器にもった枝豆。塩ゆでするので、ほかにあじつけせず、そのままたべられます。

①枝豆250グラムに対し、10グラムの塩でもんで、10分間おきます。

②水1リットルに塩30グラムをくわえ、さやごと4～5分、ゆでます。

③ざるにあけて、うちわで手早くあおいで、温度をさまします。

かがやくいのち図鑑

ダイズのなかま

ダイズには数百もの種類（品種）があります。豆の大きさから、大粒種、中粒種、小粒種などのグループに分けられます。

たまふくら　大粒種・中粒種

枝豆用の早生品種で、さやに白い毛がはえます。種皮は枝豆のときは緑色ですが、じゅくすとクリーム色になります。北海道を中心に栽培されています。

とよまさり　大粒種・中粒種

トヨムスメなど、4品種ほどが、この名前でよばれています。種皮はクリーム色です。おもに煮豆用や、豆腐・油あげ用などに使われます。北海道を中心に栽培されています。

すず丸大豆　極小粒種

小粒品種よりもさらに小さく、中粒品種の半分ほどの直径しかありません。納豆用に使われることが多く、北海道を中心に栽培されています。

白大豆（エンレイ）　大粒種

大粒品種のうちでは小さめで、種皮がクリーム色です。おもに豆腐・油あげ用や味噌用などに使われます。山形県から北陸地方を中心に栽培されています。

赤大豆　大粒種

大粒種で、種皮が赤茶色です。おもに煮豆や豆腐用に使われます。山形県や岡山県など、かぎられた一部の地域で栽培されています。

庄内一号　大粒種

枝豆（だだ茶豆）用の早生種で、種皮が茶色です。枝豆のほか、ずんだもちの餡などにも使われます。山形県の庄内地方を中心に、江戸時代から栽培されています。

くらかけ大豆　大粒種・中粒種

全体に平たく、緑色の種皮に黒いもようが入ります。このもようから、パンダ豆ともよばれます。ノリのような風味があり、煮豆などに使われます。主に長野県で栽培されています。

極小粒青大豆（黒神）　極小粒種

小粒種よりもさらに小さく、種皮は緑色です。あまみが強く、豆腐やきな粉用に使われ、豆ごはんや、煮豆にも使われます。山形県を中心に栽培されています。

青大豆　大粒種

全体に平たく、種皮は緑色です。枝豆や煮豆、豆ごはんなどに使われます。主に青森県や秋田県、山形県、北陸地方などで栽培されています。

黒大豆（丹波黒）　大粒種

全体に丸く、種皮は黒です。おもに煮豆に使われ、おせち料理の黒豆として知られています。京都府や兵庫県、岡山県、香川県などを中心に栽培されています。

かがやくいのち図鑑

いろいろな豆のなかま

豆のなかまは世界で500種類ほどが利用されていて、日本でもいろいろな豆が栽培され、さまざまに利用されています。

ダイズ 中国東北部からシベリア原産

4000年ほど前に、ツルマメという野生の植物を改良したものを栽培しはじめたと、いわれています。世界各地で栽培されています。花は、白やピンク色、赤紫色。

インゲン 中央アメリカ原産

つるをのばす種類と、写真のようにつるがなく自立する種類があります。夏から秋に細長いさやをつけます。若いさやをたべたり、じゅくした豆をたべます。種皮が小豆色の金時豆、模様が入るうずら豆やとら豆、白い大福豆など、さまざまな色があります。世界各地で栽培されています。花は、白やピンク色。

ソラマメ 地中海沿岸・西アジア原産

初夏に、長さ10～30㎝ほどの大きなさやをつけます。さやには、3～4つぶの豆が入っています。じゅくした豆の種皮は赤茶色。若い豆をたべたり、もやしをたべたりします。南北アメリカやアフリカ北東部、中東、東アジアなどで栽培されています。花は白。

ラッカセイ　南アメリカ原産

夏に黄色い花がさいて、しぼんだあとに、左の写真の矢印の部分のように柄がのびて、地中に入り、さやができます。世界各地で栽培されています。じゅくした豆をゆでたり、いったりしてたべるほか、油をしぼったり、ピーナッツバターにもします。南京豆、ピーナッツともいいます。

アズキ　東アジア原産

ヤブツルアズキという野生の植物を改良したものといわれています。夏に黄色い花がさきます。さやには10つぶほどの豆が入っています。じゅくした豆を、餡にしたり、赤飯に入れたりします。日本のほか、北アメリカやアルゼンチンで栽培されています。

ササゲ　アフリカ原産

つるをのばす種類と、自立する種類があります。じゅくした豆を煮てたべます。豆の大きさや形はアズキによくにていますが、種皮は小豆色から、茶色、黒、白、それらに模様が入るものなど、さまざまです。花は白から、ピンク色、紫色。アジアやヨーロッパ、アフリカ各地で栽培されています。

さくいん

この本で使っていることばの意味

維管束 種子植物（花がさき、たねをつくってふえる植物）とシダ植物の体の中にある、水や養分、栄養分などをはこぶための管のたば。根から吸収された水や養分をはこぶ道管がある木部と、葉でつくられた栄養分や老廃物などをはこぶ師管がある師部が組み合わさり、できています。

蒸散 植物が体の中の水分を、葉にある気孔を開いて蒸発させること。体の中のよぶんな水分をすてたり、水分が蒸発するときの気化熱で、体を冷やすやくわりがあります。また、体の先端にある葉から水分を蒸発させることで、末端の根から体のすみずみまで水分や養分をすい上げる力を生み出してもいます。

受粉 種子植物のめしべの柱頭に、おしべのやくでつくられた花粉がつくこと。柱頭についた花粉は、花粉管をのばして、めしべの中にもぐりこんでいきます。そして、のびていく花粉管の中で精細胞という細胞ができ、先の方へ移動していきます。花粉管の先がめしべの胚珠という部分にある卵細胞にたどりつくと、受精（精細胞と卵細胞の核が合体すること）がおこり、たねがつくられはじめます。種子植物の花粉は、昆虫や鳥、風、水などによって、はこばれるようなしくみになっています。

子葉 種子植物のたねの中にすでにできている最初の葉。ダイズをふくめ、ほとんどの双子葉植物の子葉は２まいあり、地上に出て開くものはふた葉ともよばれます。トウモロコシなど単子葉植物では、子葉は１まいです。地上に出て開いた子葉は、日光をあびて、根からすい上げた水と空気中からとり入れた二酸化炭素で、栄養分をつくりだします。これを光合成といいます。子葉が光合成でつくりだした栄養分は、つぎに出てくる葉（本葉）が成長し、開くために使われます。マメのなかまや、アブラナ、クリ、ゴーヤなどでは、ほかの植物にくらべて子葉が大きく、根や茎、葉が成長する栄養分を多くそなえています。これらの植物では、子葉は開いても大きくならず、光合成をあまりしないか、地上に出ずに光合成をまったくおこなわないものもあります。そして、子葉のつぎに出てくる初生葉という葉が光合成をおこなって、そのつぎに本葉が出てきます。

初生葉 双子葉植物のうち、たねに胚乳がなく、かわりに大きな子葉に栄養分がたくわえられている植物がもつ、とくべつな形の葉。マメのなかまや、アブラナ、クリ、ゴーヤなどの植物がもっています。子葉が開いたつぎに開く葉で、２まいで対になっていて、上からみて子葉から90度回転した位置に開きます。これらの植物では、子葉はほとんど光合成をおこなわず、初生葉がかわりに光合成をおこない、その栄養分でつぎに出てくる本葉が成長します。初生葉の形は本葉とはちがい、ふつうは葉のふちがあまり切れこまず、丸みのある形をしています。

根 種子植物とシダ植物がもつ基本的な器官の１つ。ふつうは地中にあり、地上にある植物の体をささえ、地中から水や養分をすい上げ、地上にある茎や葉などにおくるやくめをします。ダイズをはじめ双子葉植物では、太い主根があり、そこから側根が枝分かれしてのびます。これに対してイネやトウモロコシなどの単子葉植物では、同じような太さの細いひげ根がたくさんのびます。根には毛のように細い毛根がたくさんはえていて、ここから地中の水や養分をすい上げます。

胚軸 種子植物のたねの中にある、子葉とつながっている部分。子葉と逆側は、幼根とつながっています。たねが芽生えると、胚軸は上へのび、茎になります。これに対し幼根は下にのび、根になります。

NDC 479
中島 隆
科学のアルバム・かがやくいのち 9
ダイズ
豆の成長
あかね書房 2020
64P 29cm × 22cm

■監修　白岩 等
■写真　中島 隆
■文　大木邦彦（企画室トリトン）
■編集協力　企画室トリトン（大木邦彦・堤 雅子）
■写真協力　アマナイメージズ
p23 円内　和久井敏夫
p53 左上　全国農村教育協会
p53 右上　亀田龍吉
p53 右下　全国農村教育協会
p61 右上　埴沙萠
■イラスト　小堀文彦
■デザイン　イシクラ事務所（石倉昌樹・隈部瑠依）
■撮影協力　(有) 加藤ファーム、島屋豆腐店、横田正明（順不同）
■参考文献
・『食育 野菜を育てる だいず』(2007), 後藤真樹, 小峰書店
・『そだててあそぼう9 ダイズの絵本』(1998), 編－国分牧衛・絵－上野直大, ㈳ 農山漁村文化協会
・『ダイズ・大豆』(1987), 著－末松茂孝, さ・え・ら書房
・『あぐりチャンネル ダイズ・大豆』http://www.agri-ch.net/page/626.html ,（財）食品産業センター

科学のアルバム・かがやくいのち 9
ダイズ 豆の成長

2012年3月初版　2020年10月第3刷

著者　中島 隆
発行者　岡本光晴
発行所　株式会社　あかね書房
〒101-0065　東京都千代田区西神田３－２－１
03-3263-0641（営業）　03-3263-0644（編集）
https://www.akaneshobo.co.jp
印刷所　株式会社 精興社
製本所　株式会社 難波製本

ISBN978-4-251-06709-8
定価は裏表紙に表示してあります。